LE
CHEMIN
DU CIEL
CHYMIQUE.

LE CHEMIN DU CIEL CHYMIQUE.

Par JACQUES TOL,
*nouvellement traduit
en François.*

IEN des gens m'accuseront de temerité
& de présomption, lorsqu'ils verront
que j'ose entreprendre
d'instruire ici de tres-
sçavans Hommes dans l'Art Chymique, en leur enseignant des choses

* ij

qu'ils ont ignorées jusqu'à present, ou leurs faisant remarquer celles qu'ils ont mal entenduës : moy, dis-je, qui suis bien éloigné de la parfaite connoissance de cét Art. Mais il m'importe peu quel jugement l'on fasse de moy, pourveu que je puisse être utile au Public. Si les Sçavans trouvent ici quelque chose qui ne soit pas de leur goût, la sincerité avec laquelle j'écris doit bien moins m'attirer leur indignation, que me servir d'excuse auprés d'eux.

Et certes, soit que l'erreur m'ait aveuglé comme beaucoup d'autres, ou qu'un travail plus certain m'ait conduit à la verité, il est toûjours tres-asseuré que bien des gens auront cét avantage, qu'à l'avenir ils se retireront & des dépenses inutiles qu'ils font par des travaux infructueux, & de la perte du temps qui leur doit être si précieux & si cher.

La methode que je me suis proposée pour faire un Ouvrage si excellent & si beau, est toute differen-

re de celle que les autres ont suivie.
Dans ce chemin si glissant & qui
conduit tant de personnes au précipice, j'ai pour guides le sçavant Paracelse, & le fameux Basile Valentin, encore mille fois plus docte &
plus instructif que luy.

J'avois déja resolu de disposer des
vaisseaux ; j'avois commencé la preparation du Mercure, suivant la doctrine de Philalette, par plusieurs
lotions & triturations ; je dissolvois
& purgeois des Métaux avec des
Vinaigres & des Eaux fortes, lorsque par un bonheur inopiné, il me
tomba entre les mains un Livre intitulé : *Le Cabinet Hermetique.* Je
lûs ce Livre avec une avidité extraordinaire, sans y rien comprendre : mais aprés avoir reconnu que
Paracelse ne s'estoit point ressouvenu
des choses que l'on avoit confié à sa
bonne foy, je commencé d'examiner avec plus d'exactitude la nature
des Métaux, & de la conferer avec
les experiences que les autres en avoient déja fait. Enfin l'esprit plus
éclairé qu'auparavant, je m'apper-

çû que personne ne suivoit le vray chemin, & que tout le monde perdoit son temps & son argent : Je resolus de prendre une route toute differente, & de suivre celle que cét Adepte avoit inutilement recommandé à nôtre Paracelse. Laissant donc à part tous les sentimens differens, je me suis proposé cette regle certaine avec laquelle je puisse heureusement parvenir à la fin de ma carriere.

Que la Pierre des Philosophes doit être faite en trois ou quatre jours.

Que la dépense ne doit point exceder la somme de trois ou quatre florins.

Et qu'enfin un seul creuset ou vaisseau de terre suffit.

Et j'estime qu'il faut rejetter toutes les propositions qui ne s'accorderont pas avec ces trois Aphorismes. Prévenu de la sorte, Basile

Valentin m'a esté d'un grand secours, car aprés avoir fait representer un creuset dans ses premieres clefs, il ordonne de continuer par cette voye, & de laisser là tous autres vaisseaux, le feu de lampe, de fien de Cheval, de cendre, de sable, & de flâmes ; & d'appliquer son esprit aux plus profonds mysteres de l'Art.

Aprés quelques legeres épreuves, je me suis trouvé plus éclairé qu'auparavant, & j'ay commencé de voir plus que je n'esperois : Oüy, j'ay veu, mais par un travail & une application d'esprit toute extraordinaire ; j'ay veu, dis-je, des choses que jamais, je pense, personne n'a veu, même en dormant & en songe. J'en ai expliqué quelques choses dans mon Traité intitulé : *Des Evenemens imprévûs & fortuits*, que je repeterai ici succintement ; & même j'y en ajoûteray beaucoup d'autres, pour donner quelque lumiere aux Curieux.

J'ay dit que *c'estoit un Ouvrage de trois ou quatre jours* ; mais s'il faut parler plus exactement, il y en a un

qui n'est que *de trois heures*, car
l'Ouvrage est double & partagé en
deux, comme celui que l'on appelle,
la Pierre des Philosophes. Et c'est en
effet une grande erreur & fort fre-
quente parmy les Chymistes, de
dire que la Pierre Philosophale n'est
telle que quand elle est absolument
parfaite ; c'est-à-dire, quand avec
le ferment de la Lune ou du Soleil,
elle est preparée par la multiplication. Car il y en a une autre qui est
imparfaite, que Basile appelle, *Tout
en tout*, & dont il donne la methode dans ses dix premieres clefs ; dans
l'onziéme le moyen de l'augmenter,
& dans la douziéme son entiere
multiplication. Je l'appelle imparfaite, si on la compare avec l'autre
qui est tres-parfaite ; mais qui cependant est parfaite de soy & de sa
nature : ce que je prouverois facilement par les autoritez de Bernard
Trevisan, & des autres Adeptes qui
en ont écrit.

Ce premier Ouvrage est donc appellé, *L'Oeuvre de trois heures*, *& de
trois jours aussi*, mais de trois jours

Philofophiques, comme je diray
dans la fuite.

Le fecond Ouvrage eft achevé
dans l'efpace de trois ou quatre
jours naturels ; & ce trefor immen-
fe qui eft recherché par les hommes
avares avec tant de travaux & de
dépenfes, peut eftre acquis en ce
peu de temps, foit au blanc, foit
au rouge : car la difference du ferment, ou fi vous voulez, l'addition
du foûfre de l'Or ou de l'Argent à
nôtre premiere Pierre, acheve &
perfectionne la feconde.

Pour ce qui regarde le temps, ce
qu'en a dit Peracelfe eft tres-verita-
ble. *Les Philofophes*, dit-il, *s'entendent bien quand ils parlent des
temp*. Tout le monde fe trouve ici
extrémement embaraffé, & comme
au milieu des tenebres. Faifons nos
efforts pour les diffiper, & pour
découvrir des chofes qui femblent
eftre enfoncées dans des abîmes im-
penetrables.

L'Année des Philofophes n'eft
autre chofe que le tour que fait le
Soleil Philofophique, quand par le

Zodiaque il parcourt la Terre.

Le Mois Philosophique, est celuy de la Lune.

La Semaine, celuy des Sept Planettes.

Et le Jour, celuy de la lumiere & des tenebres.

Le Monde, est la matiere même.

Le Zodiaque qui contient les douze Signes Celestes, represente les douze Travaux de l'Hercule Philosophique, que j'ay montré dans mon Traité *des Evenemens imprévûs*, estre le Soleil ; c'est-à-dire, l'acide, dont le cours acheve l'An Philosophique, pendant que la matiere est en fusion dans le vaisseau.

La Lune est l'alcali, dont le cours penetre toute la matiere fonduë ; & se joignant avec son frere le Soleil, elle acheve le Mois sinodique.

La Semaine nous est expliquée par Basile Valentin dans ses six premieres clefs, excepté qu'il ne parle point du Mercure que Philalette a ajoûté de son chef & de son autorité.

La premiere clef nous désigne

Saturne, *l'Eau & la Terre* ; la deu-
xiéme, Jupiter, *l'Air & le Feu* ;
la troisiéme, Mars ; la quatriéme,
la Lune ; la cinquiéme, Venus ; la
sixiéme, le Soleil tres - parfait, &
l'union intime des quatre Elemens.
Nôtre Roy, dit - il, *dans sa premiere
clef passe par six maisons differentes,
& se repose dans la septiéme.* Lors
donc que la matiere est fonduë dans
le vaisseau peu à peu par la force de
son esprit, elle se purge entierement;
c'est de là qu'elle devient son pro-
pre vinaigre, de la même maniere
que les Métaux ont coûtume d'estre
formez dans les Mines : car d'abord
l'Esprit Mercuriel se coagule, se resserre & s'endurcit en Saturne. Ce
qui fait dire ailleurs à nôtre Auteur:
*Il n'y a que le Saturne qui fixe le
Mercure.* Le Saturne estant purgé
par une autre circulation, devient
Iupiter : de celui-là se fait *Mars,*
ensuite *la Lune,* puis *Venus,* &
enfin *le Soleil* ; c'est à-dire, l'œuvre
parfait.

Par ce même circuit le Jour des
Philosophes se fait voir : car ce

qui eſt écrit de la creation du grand Monde, *les tenebres eſtoient ſur la Terre*, eſt expliqué bien au long dans mon Traité dont j'ay déja parlé cy-deſſus, comme auſſi cét endroit où il eſt dit : *La lumiere fut faite le premier jour.* Il faut faire voir la verité par quelque experience.

Broyez de l'Antimoine dans un mortier Philoſophique, & le criblez ; c'eſt-à-dire, faites fondre l'Antimoine dans un creuſet, en remuant & frappant le creuſet, le regule tombera au fonds ; & ſi vous travaillez comme il faut, vôtre regule ſe trouvera étoilé dés la premiere fuſion. Ainſi d'abord vous aurez la lumiere aprés les tenebres, & une lumiere celeſte, ſi par le moyen du petit Commentaire ſuivant que je vous donne, & qui vous ouvrira *le Ciel Chymique*, vous pouvez comprendre ce que c'eſt que *le Ciel* ; car ce Ciel étendu colore les Campagnes de pourpre, & l'on y reconnoiſt les Aſtres & le Soleil.

Mais bien loin d'eſtre déja au Midy, à peine le jour commencer-il de paroiſtre ; car nôtre Hercule eſpere qu'aprés que les tenebres dans leſquelles il s'eſt comme enſeveli, ſeront diſſipées, il joüira de cette éclatante lumiere du Midi. C'eſt de là que les Poëtes l'ont appellé, *leur Cahos* ; car c'eſt dans l'Antimoine que toutes choſes eſtant premierement confuſes, ſe ſeparent & ſe diviſent par la ſeule fuſion : en telle ſorte que vous croiriez facilement qu'Ovide auroit pris de là le ſujet de ſes Metamorphoſes.

L'on voit auſſi tres-clairement que l'on ne peut pas ſe ſervir d'un vaiſſeau de verre pour la preparation de la matiere, mais d'un creuſet ou d'un vaiſſeau de terre qui réſiſte au feu ; & que le feu doit eſtre égal, non pas comme celuy de lampe, mais comme celuy qui ſe trouve joint au Mercure, lequel ſe parfait & s'acheve par un mouvement égal & continuel : Et quant aux autres feux, il faut les interpreter d'une autre maniere que le vulgaire a coûtume de faire.

Ainſi l'on commencera de com-

prendre ce que c'est que la *Circulation*, la *Sublimation*, la *Trituration*,
la *Digestion*, & toutes les autres
Operations Chymiques; combien
elles sont differentes de celles du
vulgaire; & avec quelle facilité &
en bien peu de temps elles peuvent
estre executées. L'on entendra aussi le sens de l'Enigme de Hermés,
quand il commande de faire *que les
choses superieures deviennent inferieures, & les inferieures superieures*;
de même, ce que c'est que le *Vent
porte dans son ventre, & dont le Soleil est le pere, & la Lune la mere.*
Et vous n'ignorerez plus quelle est
cette Eau seiche qui ne mouille point
les mains.

Et vous enfin qui que vous soyez,
& qui doutez encore de ce que je
vous dis, fondez seulement de l'Antimoine, & appliquez-vous à voir
exactement ce qui se passe; vous y
verrez toutes ces choses, vous y
verrez les *Colombes de Philalete*,
vous y entendrez le *chant des Cygnes
de Basile*, & vous y verrez cette
Mer des Philosophes, que j'ay expli-

qué plus au long dans mon Traité
des Evenemens fortuits & imprévûs.

Il faut presentement vous parler
de la dépense qu'il convient faire:
Pour moy qui prefererois la connoissance de la Pierre Philosophale,
sans esprit d'en profiter, à cette
même Pierre tingente à l'infini, je
ne pretends pas souffrir les repro-
ches secrets de ceux qui me vou-
droient croire capable de profiter
des travaux d'autruy. C'est pourquoy puisque la divine Bonté m'a
formé, de sorte que je suis content
du peu de biens que j'ay, je res-
sens une joye bien plus parfaite &
plus grande, quand dans l'entiere
sincerité de ma confiance je montre
aux autres comme avec le doigt, le
chemin de s'enrichir.

Faites fondre, comme j'ay dit,
de l'Antimoine, & en faites un regule étoilé, sans y mêler de Mars,
car nôtre Roy entre seul & sans sa-
tellites dans la Fontaine; alors vous
aurez toutes choses : j'ay beaucoup
dit, vous avez tout, & rien.

Pour vous faire voir que le Mars

ne doit point entrer dans la compo-
sition du regule, voicy une experience qui vous en convaincra. Faites fondre du regule d'Antimoine
& de Mars, jettez-y la moitié de
son poids de Lune ; & quand toutes
ces choses seront bien fonduës, ver-
sez le tout dans de l'Eau-forte ;
alors vous verrez une poudre noire
qui se précipitera au fonds, telle
que Becker a trouvée dans sa Mi-
niere sabloneuse : Et cette poudre,
quelque industrie que vous ayez,
& quelque artifice dont vous vous
serviez, ne peut se fondre en Or,
parce que c'est du Mars tout pur.
Ceux-là donc se trompent grossie-
rement qui croyent qu'en la compo-
sition du regule, il n'y entre que
l'Esprit sulphureux de Mars. J'en ai
fait l'épreuve avec l'Or tres-pur :
Je mis dans une coûpelle vingt
grains d'Or ; lorsqu'ils furent fon-
dus, j'y jettay peu à peu du regule
de Mars, & je retiray trente grains
d'Or : & ainsi mon Or estoit aug-
menté du tiers, après avoir résisté
à l'épreuve du feu. Mais je trouvay
mon

mon Or frangible, à cause des parties de Mars qui s'y estoient jointes; & par une methode secrete j'en separay mon Or tres-pur au même poids que j'avois mis.

Mais pour revenir à la dépense qu'il faut faire; en est-ce une si grâde, que de prendre une livre d'Antimoine, une demie livre de Tartre & de Sel nitre, & de faire fondre tout cela dans un creuset; & l'ayant purgé jusqu'à ce que l'étoile paroisse, y joindre une partie d'Or ou d'Argent?

Que si quelqu'un s'imagine demeurer dans l'erreur, parce que je ne luy enseigne pas le peu qui reste pour parvenir à la Pierre Philosophale, & sans quoy à la verité tout ce que j'ay dit est inutile; qu'il songe qu'on n'enseigne jamais toutes choses à la fois dans un même temps; un jour viendra auquel je découvriray le mystere entier, & je feray connoistre qu'il n'y a point d'autre voye veritable que la nôtre, & qui se fasse ni plus promptement, ni à moins de frais. Et pour donner

quelque satisfaction à l'empresse-
ment qu'on pourroit avoir, j'ajoûteray une experience qui luy facili-
tera le moyen de porter son esprit
à la recherche plus profonde de cét
Art.

Faites un regule de Mars, & d'Or
ou d'Argent ; prenez une partie de
l'un & de l'autre, & mettez celle
d'Or sur une piece d'Argent, & celle
d'Argent sur une piece de Cuivre ;
faites rougir ces pieces-là sur une
tuile, l'Antimoine s'exhalera ; vous
trouverez ensuite vôtre piece d'Argent teinte & penetrée d'une tres-
haute couleur rouge, & celle de
Cuivre aussi teinte & penetrée de
couleur d'argent. Que si vous pla-
ciez sur une tuile une piece d'Argent, sur laquelle soit le regule d'Or,
& que vous mettiez une autre piece
d'Argent un peu au dessus, en sorte
qu'elle la couvre sans la toucher, ni
qu'il tombe de la cendre dessus ; la
piece d'Argent qui sera la plus haute
deviendra de couleur d'or, par le
moyen du regule Solaire, qui dans
sa fusion emporte l'Or, & le volati-

life. Par ce moyen l'on peut avoir
un Or potable, bien plus parfait que
le vulgaire : ce que l'on peut ap-
peller *le veritable Or potable des Philosophes.*

J'ay fait voir à mes Amis deux de
ces pieces d'Argent & de Cuivre,
que j'avois tres-belles & tres-par-
faites ; & m'en allant en Italie, paſ-
ſant à Berlin, j'en fis preſent au Se-
reniſſime Electeur Frederic Guillau-
me mon ſouverain Seigneur, qui
eſtoit tres-curieux des choſes rares.

Je paſſe plus outre, & je diray
une choſe qui n'eſt pas moins re-
marquable. J'ay fait fondre du
Plomb, & y ai jetté une partie de
regule Solaire ; j'ay veu, non ſans
admiration, que ce Plomb ne ſe
réduiſoit point en ſcories, quoy que
je l'aye tenu long-temps au feu : au
contraire, il me paroiſſoit comme
purgé de ſes impuretez, & en quelque maniere changé ou tranſmué.

Ce regule bien preparé contient
donc *le veritable Or potable des Philoſophes*, qui eſt avidement bû, non
pas par des Hommes comme nous,

mais par l'Homme Chymique, & par les Animaux ; & son Mercure intimement joint à l'Or & à l'Argent, donne l'amalgame Philosophique.

On peut encore observer un autre mystere dans la preparation, c'est le Beurre d'Antimoine philosophique. La comparaison que fait Basile Valentin dans son Char Triomphal de l'Antimoine, se peut justement rapporter ici, quand il dit que la Pierre des Philosophes se fait de la même maniere que nos Villageois font avec du Lait le Beurre & le Fromage : Nôtre Vache, c'est l'Antimoine, dont le lait, qui est le regule, estant agité, donne le beurre, qui n'est autre chose que le soûfre rouge ; & ce soûfre est un vray beurre d'Antimoine. Pour le reste, chacun le peut facilement expliquer.

Mais quelqu'un me pourra dire que Basile Valentin veut que l'on prenne le Vitriol pour faire la Pierre, & non pas l'Antimoine. Mais que pensez-vous (comme il demande

luy - même) que cé ſoit que le Vitriol, ſinon un Soûfre ? Et l'Antimoine, ſinon le Mercure ? Preſentement l'on conçoit bien ce que c'eſt
que l'Antimoine & le Vitriol des
Philoſophes ; & c'eſt - là un ſecret
des plus importans : que ſi vous
l'ignorez, tout vôtre travail devient inutile. Il y a encore beaucoup d'autres choſes, mais l'entrée
eſt difficile : je vous aideray autant
qu'il me ſera poſſible ; & comme fit
autrefois le Soleil dans la Fable,
nous avertirons nôtre Phaëton de
craindre & de trembler toûjours juſ-
qu'à la fin de ſa carriere : afin donc
de joüir un jour des fruits des Heſ-
perides, je commenceray par le
principe.

L'Antimoine tres - pur eſt la premiere matiere qui eſt ſi ardemment
deſirée, & recherchée avec tant de
ſoin de beaucoup de gens ; c'eſt-à-
dire, que dans l'Antimoine il y a
cette humidité aërienne, merveil-
leuſement mêlée de chaleur, dont
j'ay parlé au commencement &
pluſieurs fois ailleurs *dans mes*

Evenemens imprévûs. Cette matiere
est disposée & gouvernée par les
rayons du Soleil & de la Lune des
Philosophes dans leur Mer, & est
conjointe avec la chaleur séche de
leur Terre.

Voilà ce qui produit nôtre matiere seconde, nôtre Homme Chymique, dont j'ay promis d'expliquer les maladies, & de luy rendre
sa parfaite santé, par le moyen des
remedes que Basile Valentin m'a in-
diquez dans son Char Triomphal
de l'Antimoine, si Dieu m'accorde
un loisir suffisant.

Vous avez ici l'Œuf qui contient & renferme le blanc & le
jaune, d'où il doit un jour éclore
un petit Coq, qui par son chant
agreable réveillera du matin les ve-
ritables Amateurs de la Chymie.

Je crois que peu de gens ont
manqué d'observer, que parmy les
Hieroglifes des Dieux de l'antiquité, le Coq est particulierement
consacré à Mercure. Albricus dans
son petit Traité des Images des
Dieux, dit ce peu de mots parlant

du Mercure : *Il y avoit devant luy un Coq qui luy est particulierement dédié.* C'est donc le Coq qui est le signe & la marque du Mercure, que les Chymistes vulgaires ont toûjours à la bouche, rarement entre les mains, & jamais dans la meditation de leur esprit ; & cependant le Mercure est *leur Tout :* mais pendant qu'ils cherchent ce *Tout* dans le Mercure vulgaire , ils n'y trouvent jamais rien.

Le veritable & simple Mercure des Philosophes , est donc celuy duquel j'ay dit cy-devant qu'il est humide , aërien , chaud , esprit volatil , l'hermaphrodite d'Ovide, l'acide , & l'alcali volatil ; le Mercure double joint avec le Soûfre & Sel philosophique , ou avec l'acide & l'alcali fixe : ce qui se fait lors-qu'ils se joignent & s'unissent tous deux en regule, & que les feces & ordures en sont rejettées. Mais il n'est pas encore pur, il faut que le Roy entre dans son Bain Philo-sophique , & qu'il s'y lave ; qu'il y meurt, qu'il s'y vivifie ; & qu'étant revêtu de son Manteau de pourpre, il monte sur son Trône.

Accourez donc ici, vous Chymistes Mercuriels, qui me rompez incessamment les oreilles avec vos fixations & coagulations du Mercure vulgaire ; apprenez de ce que je vous ai dit, ce que c'est que le Mercure Philosophique, sa fixation, sa coagulation, sa précipitation, sa sublimation, & sa revivification : mais apprenez auparavant ce que les Philosophes entendent par *mourir*.

Vous avez sans doute veu quelquefois des morts ou des mourans ; n'avez-vous pas remarqué que l'esprit chaud volatil qui avoit coûtume de penetrer tous les membres du corps, & de les vivifier, estant une fois éteint, le sang se resserre & se coagule dans le cadavre : De même la mort, suivant les Philosophes, n'est autre chose que la coagulation & fixation de la matiere volatile.

Quoy, le regule n'est-il pas volatil ? fixez-le, & il sera mort.

Mais

Mais un cadavre est-il en état d'entrer dans une nouvelle habitation? & ne demeure-t-il pas dans son sépulcre en paix & en repos éternel, comme j'ay lû plusieurs fois sur les Inscriptions des vieux Tombeaux, jusqu'à ce que par une Puissance divine il ressuscite? De même rien de fixe n'entre dans les autres corps métalliques. Rendez la vie à ce corps; c'est-à-dire, de fixe qu'il estoit devenu, faites qu'il devienne volatil tout de nouveau; alors il entrera facilement. Il y a (dit le Poëte) une chaleur & un esprit vital dans le corps qui *nous* abandonne à la mort.

Enfin, de quelle couleur sont les Corps morts? Suivant les Poëtes, la mort est violette, ou plûtôt noire; Et la vie n'est-ce pas une blancheur comme la lumiere? Vous sçavez donc ce que c'est que les Philosophes veulent dire par *noircir* & par *blanchir*. Mais quoi, y a-t-il quelqu'un qui ignore ce que c'est que le parement blanc des Anges? & les Enfans qui ont à peine l'usage

***

de la raison, les connoiſſent bien quand ils les voyent peints avec des aîles. Que s'ils ont des aîles, ces Eſprits ſont donc volatils.

Allez, & vous retirez preſentement, vous qui cherchez avec une application extrême vos diverſes couleurs dans vos vaiſſeaux de verre. Vous qui me fatiguez les oreilles avec vôtre noir Corbeau, vous ê-tes auſſi fous que cét Homme de l'antiquité, qui avoit coûtume d'ap-plaudir au Theâtre, quoy qu'il fuſt ſeul, parce qu'il s'imaginoit toû-jours avoir devant les yeux quel-que ſpectacle nouveau. De même en faites-vous, lorſque verſant des larmes de joye, vous vous imagi-nez voir dans vos vaiſſeaux vôtre blanche Colombe, vôtre Aigle jau-ne, & vôtre Fayſan rouge : Allez, vous dis-je, & vous retirez loin de moy, ſi vous cherchez la Pierre Philoſophale dans une choſe fixe ; car elle ne penetrera pas plus les corps métalliques, que feroit le corps d'un homme du monde les murailles les plus ſolides.

Nous lifons dans l'Ecriture fainte que l'Ange ouvrit les portes de la prifon quand il en voulut tirer faint Pierre ; mais il ne luy fut pas neceſſaire de les ouvrir pour y entrer. Nous lifons auſſi que Jesus-Christ entra dans l'Aſſemblée des Apôtres les portes du lieu eſtant fermées ; mais ce fut aprés fa Refurrection glorieufe. Apprenez donc par ces exemples, ce que le raifonnement n'a pû jufqu'à prefent vous perfuader. Voulez - vous quelque chofe de plus ?

Pourquoy, je vous prie, enveloppez-vous vôtre poudre dans de la Cire, quand vous voulez faire projection ? pourquoi faites - vous chauffer vôtre Mercure, ou fondre vôtre Plomb, avant que d'y jetter vôtre poudre ? pourquoy donnez-vous un bon feu de fuppreſſion à vôtre creufet, pendant que le feu eſt fort doux par le bas ? Et pourquoy enfin continuez-vous avec un fouftlet d'entretenir ce feu aſſez fort pendant une demie heure, fi ce n'eſt afin que vôtre matiere volatile

*** ij

penetre promptement le Mercure ou le Saturne, & ne s'envole pas avant la transmutation ?

Voilà ce que j'avois à vous dire des Couleurs, afin qu'à l'avenir vous quittiez vos travaux inutiles ; à quoy j'ajoûteray un mot touchant l'odeur.

La Terre est noire, l'Eau est blanche ; l'air plus il approche du Soleil, & plus il jaunit ; l'aëther est tout-à-fait rouge. La Mort de même (comme il est dit) est noire, la Vie est pleine de lumiere : plus la lumiere est pure, plus elle approche de la nature Angelique, & les Anges de purs Esprits de feu. Maintenant l'odeur d'un mort ou d'un cadavre, n'est-elle pas fâcheuse & desagreable à l'odorat ? Ainsi l'odeur puante chez les Philosophes dénote la fixation : au contraire, l'odeur agreable marque la volatilité, parce qu'elle approche de la vie & de la chaleur.

Plutarque rapporte en certain endroit, que l'odeur qui sortoit des habits d'Alexandre le Grand lorsqu'il avoit fait quelque exercice violent, eftoit fort agreable. Ainfi plus l'air eft pur & chaud dans un pays, & plus les herbes qui y croif-fent font odoriferantes. L'Arabie heureufe nons en fournit des preuves certaines : l'art imite tellement la nature, que les excremens les plus puants du corps humain deviennent un tres-agreable parfum, par une fimple digeftion & par le fecours d'un feu proportionné. Qu'eft-ce que la Civette ? Nous avons donc befoin du fecours du feu. Bafile & les autres Adeptes ont plufieurs fortes de feux : car il y a un *feu celefte*, & un *feu terreftre*; celui-ci eft de l'efprit volatil, celui-là du corps fixe ; l'un du Soleil fuperieur, l'autre du Soleil inferieur, cômme parle Sendivogius, & comme dit Ciceron, tel eft celui qui fe trouve renfermé dans le corps des Animaux, & qu'on appelle feu vital & falutaire, lequel conferve toutes chofes, les nourrit, augmente, foûtient, & les rend capables de fentiment : Mais ce que fans doute vous admirerez, c'eſt qu'il y a un *feu froid*, auſſi-bien qu'un *feu chaud*. Ce feu froid eſt mercuriel, volatil & feminin. Le feu chaud eſt fulfureux, fixe & mâle. Il y a encore d'autres feux que ceux-là, ce ſont ceux qui ſont cachez dans la matiere, que les Chymiſtes vulgaires croyent eſtre externes ; & c'eſt ce qui les trompent. Baſile en diſcourt bien au long.

Il y auſſi des feux externes, entre leſquels il y a le feu *du jugement dernier* ; c'eſt-à-dire, le feu de l'épreuve qui ſe fait par le Saturne à la coûpelle : c'eſt pour cela que Baſile l'appelle, *Le ſouverain Iuge*, comme il eſt au Ciel le Planette le plus éloigné & le plus élevé ſur nos têtes.

Il y a encore le *feu d'Etna* ou *infernal*, dont je vous parleray ailleurs, de crainte de vous fatiguer par une trop longue lecture : Et pour vous rafraîchir un peu, je vous offre du Vinaigre, mais *du Vinaigre diſtillé tres-aigre*, avec lequel vous pourrez (quand bon vous femblera) preparer la teinture du Corail ; c'eſt-à-dire, *l'acide* ou *le ſoûfre fixe* : ou bien vous preparerez les Perles, c'eſt-à-dire *l'alcali*, & vous boirez pour vous fortifier du Vin ou *Eſprit de Vin antimonial.* Si vous preferez à tout cela la Medecine univerſelle, vous pourrez la prendre avec le Baûme philoſophique ; il n'y a point d'autre liqueur *alcaëſt*, diſſolvant toutes choſes ſans perte ni diminution de ſes forces : c'eſt *l'Alcaëſt de Paracelſe*, tout Eſprit, *Eau celeſte*, & nôtre *Eau forte*, &c.

Sur la fin de l'Automne nous boirons du Nectar & de l'Ambroiſie renfermé dans le Ciel Chymique, mais philoſophiquement, & dont à peine on a jetté les premiers fondemens. Qui que vous ſoyez qui liſez cecy, je ſouhaite que vous en profitiez, en vous diſant adieu.

A AMSTERDAM, le jour ſuivant des Kalendes de Septembre de l'Année 1688.